UN SANCTUAIRE NATUREL POUR L'AVENIR

Une conversation avec
Marina Levitina

Heather Sanderson

Majestic Wisdom Publishing

CONTENTS

PRÉFACE

Lorsque j'ai commencé les podcast Majestic Wisdom en octobre 2020, je n'imaginais pas transformer les épisodes en petits livres. Je voulais partager des conversations que j'ai eues avec des amis, des enseignants et des personnes rencontrées qui m'ont influencé et inspiré, afin que d'autres puissent également les entendre. N'ayant jamais écouté de podcast et n'ayant que très peu d'expérience en matière de montage sonore, j'ai décidé d'apprendre au fil de l'eau. Ce que j'ai surtout appris, c'est à quel point j'aime écouter les gens lorsqu'ils se laissent aller à la vulnérabilité de leur cœur et qu'ils partagent ouvertement et authentiquement à partir de cet endroit. C'est vraiment magnifique.

Nous avons tous une sagesse à partager et, dès le départ, l'objectif du podcast était de parler avec des personnes qui, par leur vision, leurs rêves, leur passion, leur travail et leur créativité, incarnent des chemins judicieux pour la vie moderne. Le processus est très biologique. Les personnes que je connais bien, ou que je viens de rencontrer, déclenchent un sentiment de résonance et de lumière dans mon cœur, et je leur demande si elles sont intéressées par la co-création d'un épisode. Plus rarement, des personnes que je n'ai jamais rencontrées me tendent la main, leur présence et leur magie nous poussant à collaborer.

Environ huit mois après le lancement du podcast, j'ai ressenti une idée qui flottait autour de moi : transformer le premier épisode du podcast avec Stewart Hoyt en un livre. Incertaine, j'ai dressé la liste de tous les facteurs de complication expliquant pourquoi cela ne devrait pas être le cas : obtenir l'autorisation des collaborateurs, calculer les droits d'auteur, et le plus important : comment faire pour que la conversation fonctionne sous forme de livre ? J'ai mis suffisamment d'obstacles sur mon chemin pour me dissuader d'essayer. L'idée est remontée de temps en temps et je l'ai écartée jusqu'à ce que, en février 2022, l'envie d'écrire un livre refasse surface. Ce coup-ci avec plus d'intensité. Cette fois, j'ai accepté et j'ai dit oui, car je me suis rendu compte qu'il y avait tellement d'idées et de perspectives intéressantes communiquées dans les podcasts, et qu'elles devaient être partagées avec plus de gens sous une autre forme !

Et voilà, nous y sommes ! (Nous en sommes au quatrième livre de la série, que j'ai appelé "The Future is Possible"). Le processus de création de ce premier livre à partir d'une conversation a été une toute nouvelle expérience créative pour moi, et une expérience qui a été étonnamment engageante, excitante, et même sur-stimulante ! Une fois l'audio transcrit par les mots, il était fascinant de voir les modèles de discours sur la page. Les "si, si, si", les "vous savez" et les phrases à moitié formées, se perdant dedans...

Tout en gardant les mots et l'intégrité de l'orateur intacts, je me suis concentrée avec grand soin sur l'édition de la conversation. Supprimer les expressions idiomatiques (locutions), les répétitions et les tentatives de formuler une idée trois ou quatre fois avant qu'elle n'émerge complètement, j'ai eu l'impression d'enlever l'enveloppe d'un épi de maïs. Au fur et à mesure que les couches et les modèles de discours étaient épluchés, un grain de sagesse et de vérité, beau, nourrissant et entier, était révélé. Ce processus a ouvert de nouvelles voies de réflexion sur le langage, sur la différence entre écrire et parler, et sur les attentes bien différentes d'un auditeur face à celles d'un lecteur. Les auditeurs, en général, sont plus à même d'accepter les originalités de l'expression orale que chacun d'entre nous possède, alors que les lecteurs ont tendance à se conformer davantage aux règles de grammaire et de concision qui sont difficiles à obtenir dans une conversation. Cela a renforcé la question : qu'est-ce que cela va donner en tant que livre ? Seulement maintenant, au lieu de rejeter l'idée ou d'abandonner, c'est devenu une mission - une mission qui s'est avérée hautement constructive et productive de la meilleure façon possible.

Engagé dans cette quête de solutions, des réponses me venaient sur la manière de faire fonctionner ce projet. Une fois la conversation épurée, de nombreuses possibilités sur la forme à donner ont émergé. Au début, il s'agissait d'une structure de base, comme l'ajout de titres de chapitres, d'une ou deux questions pour interrompre les longs discours, puis j'en suis venue à la création d'éléments supplémentaires qui n'existent pas dans le podcast : cette préface, l'introduction, les concepts clés, les notes de bas de page, les moyens d'inciter les lecteurs à s'engager dans la conversation sous forme d'exercices et la synthèse de l'ensemble en conclusion. Il s'avère que je me suis engagée à prendre un élément puis à l'aider à se transformer en quelque chose de nouveau.

Comme deux ans s'étaient écoulés entre le moment où nous avons enregistré le premier épisode du podcast (en novembre 2020) et le moment où nous avons écrit ce livre, Marina a mis à jour la conversation que vous êtes sur le point de lire. Elle y a inclus les changements qui se sont produits au cours des deux dernières années et a partagé encore plus de choses sur le sanctuaire naturel de Lough Grainey (Lough Grainey Nature Sanctuary) que ce dont nous avions discuté au départ. Elle a également ajouté une foule de nouvelles informations sur les environs, une histoire détaillée de la terre de Lough Grainey et des histoires fascinantes, y compris d'anciennes légendes. Je suis reconnaissante à Marina d'avoir accepté de collaborer à la naissance de ce livre. Nous espérons que ces pages vous inciteront à vous connecter à la nature et à suivre le chemin de votre cœur.

INTRODUCTION

C'est une plante qui est à l'origine de notre rencontre, Marina et moi. Le pissenlit nous a appelées toutes les deux dans une communauté spirituelle appelée Damanhur, qui se trouve au nord de Milan, dans les contreforts des Alpes. Vous vous demandez peut-être "comment est-ce possible ?". Comment une plante a-t-elle pu nous faire parcourir une si grande distance à toutes les deux - moi de New York, Marina d'Irlande - au même moment ? Carole Guyett (qui était et allait devenir notre professeur pour nous enseigner la sagesse des plantes et les honorer) a proposé une cérémonie de plusieurs jours avec le pissenlit, qui est aussi la plante officielle de Damanhur.

Au cours de cette cérémonie, un groupe de soixante personnes a jeûné et a consommé uniquement des élixirs à base de pissenlit afin de ressentir et de se connecter à l'énergie et aux vibrations de la plante afin de recevoir des informations de cet être majestueux. Cela se produit par le biais de rêves ou de visions à l'aide d'un tambour, de méditations, de danse, de peinture et d'autres exercices. Nous avons également passé du temps avec le pissenlit physiquement, le couvrant d'amour et d'adoration. Pour moi, cette expérience a été une introduction à de nombreux niveaux, notamment en apprenant des Damanhuriens que les mondes végétal, animal et humain ne sont pas séparés, mais qu'il n'y a qu'un seul monde. En entendant cette croyance, j'ai également vu dans mon esprit l'image de trois cercles plats, chacun représentant ces mondes séparés essayant de fusionner en une seule sphère. En regardant les cercles rebondir les uns sur les autres, puis se fondre ensemble, j'ai beaucoup réfléchi : à un certain niveau, ce concept selon lequel il n'existe qu'un seul monde était logique, mais à un autre niveau, j'ai réalisé à quel point j'étais convaincu de la séparation.

On nous a enseigné à l'école (du moins au Canada dans les années 1980 et avant) que les humains sont au sommet de la chaîne alimentaire ; les humains dominent tout (et doivent le faire) pour survivre. On nous a appris que la survie de l'homme est tout ce qui compte et que, parce que c'est tout ce qui compte, notre survie justifie que l'on prenne toutes les " ressources " du monde naturel (distinct de nous). Même enfant, ce modèle de séparation et d'extraction me faisait mal au cœur, je ne comprenais pas pourquoi. Tout le monde autour de moi fonctionnait selon cette croyance comme si c'était la Vérité absolue. Si je voulais survivre, me suis-je dis, je devais faire la même chose que tout le monde et apprendre à ne pas ressentir d'émotions à ce sujet. J'ai dû me couper des plantes et des arbres avec lesquels j'ai passé du temps dans mes premières années (et de moins en moins de temps au fur et à mesure que j'adoptais les croyances des systèmes qui m'entouraient) et de mon monde intérieur - en adhérant à la croyance selon laquelle les émotions vous rendent faible et donc, font de vous une personne qui ne survivrait pas.

Venir dans cette communauté de Damanhur et rencontrer des gens qui avaient une vision du monde différente de la mienne, et une vision où les plantes, les animaux et les humains sont égaux, peuvent s'écouter les uns les autres, et non seulement survivre mais aussi s'épanouir dans un modèle de vie coopératif et dans le partage, m'a fait prendre conscience que cette manière d'être, de vivre avait du sens non seulement logiquement, mais aussi dans mon cœur. Les verrous émotionnels mis en place les années passées (surtout lorsque j'ai vu avec quelle négligence la terre, les plantes, les animaux et les humains sont souvent traités) ont commencé à céder- parce que les émotions et les sentiments n'étaient pas seulement tolérés à Damanhur, mais étaient considérés comme un élément crucial de l'épanouissement.

Ressentir est une manière nécessaire pour percevoir et communiquer avec l'environnement qui existe autour de nous et dont nous faisons partie. Ressentir, c'est donner et recevoir un retour constant, apprendre et s'adapter à partir de ce que nous recevons. Ce qui signifie également être connecté à un réseau de vie et ne pas être isolé dans une tentative de survie. Alors que je m'ouvrais aux croyances des Damanhuriens et que je les intégrais, j'ai constaté que la vibration subtile de mon cœur passait d'un battement constant et légèrement anxieux à un calme large et spacieux. Un savoir intuitif teinté d'espoir a commencé à s'y développer, les graines de la compréhension sur lesquelles je me suis appuyée par la suite.

Ce n'est pas seulement l'histoire de ma rencontre avec Marina, parce que c'est une chose d'être capable de reconnaître ou de changer ces croyances (ou n'importe quelle autre) dans l'esprit et le corps, c'en est une autre d'en faire quelque chose. Il n'est pas facile de mettre en pratique les changements, les nouveaux comportements ou les différentes façons d'être, et c'est ce que Marina (et un groupe d'autres personnes) fait en créant, développant et entretenant un nouveau sanctuaire naturel en Irlande. Il s'agit véritablement d'un lieu centré sur la conviction qu'il n'y a pas de séparation entre le monde végétal, animal et humain et, au lieu d'une pyramide descendante de survie et de domination centrée sur l'homme, le sanctuaire naturel de Lough Grainey est un lieu où tous les êtres sont sacrés, ont le même droit de prospérer, sont honorés et protégés.

Au cours de la conversation qui va suivre, Marina

vous fera visiter Lough Grainey et vous invitera à faire connaissance avec ceux qui y ont vécu auparavant, à pénétrer dans les racines anciennes et mythiques de la terre et à découvrir les fondements historiques à plusieurs niveaux sur lesquels repose aujourd'hui le sanctuaire naturel de Lough Grainey. Elle nous explique comment le sanctuaire naturel a vu le jour, nous présente des plantes rares et des animaux sauvages qui habitent ce lieu, le travail qui est fait avec et par la terre maintenant (y compris l'éducation des enfants), le rôle essentiel des femmes dans ce travail, son propre chemin de connexion avec les plantes, et la vision future pour le sanctuaire naturel de Lough Grainey. Dans les nombreuses directions de notre conversation, vous retrouverez comme trame des sujets sur la guérison qui sont intégrés de multiples façons. Je suis impatiente que vous découvriez ce qui résonne le plus pour vous.

Une partie de notre conversation comprend une lecture de l'esprit des plantes, offerte par moi-même. Ici, il s'agit d'une plante dont l'énergie et l'esprit peuvent aider Marina et qui est un allié du sanctuaire naturel de Lough Grainey. Un allié végétal est un guide ou un ami qui travaille à tous les niveaux : physiquement, spirituellement et énergétiquement pour aider d'une manière ou d'une autre. Les plantes viennent à moi intuitivement, grâce à des années de formation en herboristerie sacrée avec Carole Guyett, et en étant ouverte à la connexion avec elles. Je ressens souvent leur énergie autour de moi ou je vois une image de la plante dans mon esprit lorsqu'elles veulent partager une information. Le fait d'inclure les plantes dans la conversation de cette manière permet de sortir de l'état d'esprit centré sur l'homme que beaucoup d'entre nous ont, de rééquilibrer la relation entre les plantes et les humains et d'ajouter un autre niveau de réflexion et de soutien. Il peut s'agir d'un nouveau concept pour certains, et je vous invite et vous encourage à rester ouvert à la possibilité que les humains et les plantes puissent co-créer ensemble à de nombreux niveaux (le sanctuaire naturel de Lough Grainey en est un excellent exemple).

Au cours de votre lecture, je vous invite à prendre des notes pour votre propre réflexion et à noter les croyances et les visions du monde que vous avez. Remarquez les émotions qui remontent à la surface et, si vous vous sentez en sécurité, posez le livre et asseyez-vous avec ou ressentez ces émotions. Vous n'avez pas besoin de les identifier, voyez simplement quelle énergie se déplace dans la structure qui est la vôtre. Remarquez si vous pouvez ressentir dans votre cœur - quelles sont les sensations que vous éprouvez en lisant les différentes sections de ce livre ? Certains sentiments ont-ils besoin d'être nourris ou explorés davantage ? Des plantes ou des endroits qui vous sont chers vous viennent-ils à l'esprit (soit au présent, soit dans le passé, soit dans le futur) ? Si c'est le cas, remarquez lesquels et comment ils apparaissent (ou s'ils vous sont inconnues). Et, comme toujours, prenez les parties de ce livre qui résonnent pour vous et laissez le reste.

UN SANCTUAIRE NATUREL POUR L'AVENIR

Maintenant que vous connaissez le contexte, j'aimerais vous accueillir dans la conversation avec Marina Levitina. En lisant notre échange, remarquez les moments où vous vous sentez inspiré, appelé à agir, plein d'espoir, triste, joyeux, ou toute autre émotion qui monte en vous. Je vous invite à réfléchir à ces émotions, à ces pensées et à toute nouvelle idée qui émerge, afin que vous puissiez poursuivre la conversation à votre manière une fois que vous aurez terminé ce livre. Vous trouverez également quelques concepts clés à la fin du livre pour enrichir votre exploration.

La Vision De Lough Grainey

HEATHER SANDERSON : Nous sommes ici aujourd'hui avec Marina Levitina qui est herboriste, animatrice nature et praticienne certifiée de la « Sacred Plant Medicine ». Elle aime partager la magie des plantes avec les enfants par le biais de ses ateliers "La nature par les arts" et de ses sessions de Forest School (l'école de la Forêt). Elle est également la fondatrice du Sanctuaire Naturel de Lough Grainey dans le comté de Clare, en Irlande.

Bienvenue, Marina.

MARINA LEVITINA : Merci beaucoup, Heather.

HS : Plongeons dans le vif du sujet et parlons du sanctuaire naturel. Peux-tu nous parler de ce rêve ? que fais-tu exactement ?

ML : Bien sûr ! Le sanctuaire naturel de Lough Grainey est situé dans une vallée exceptionnellement précieuse et magnifique, ici dans l'est du comté de Clare en Irlande. Mon mari et moi avons déménagé ici il y a plusieurs années, et nous nous sentons vraiment chanceux de vivre ici.

Le Sanctuaire Naturel de Lough Grainey est un sanctuaire naturel que nous avons créé avec des amis proches et des personnes partageant les mêmes idées. C'est un lieu similaire à une réserve naturelle, où nous protégeons la biodiversité, prenons soin d'une zone sauvage très spéciale, restaurons la forêt de chênes et proposons une éducation à la nature pour les enfants. Nous sommes une organisation communautaire et un organisme de bienfaisance enregistré. Notre vision consiste à protéger tous les êtres de cette terre. Il s'agit d'harmonie entre les humains et la nature et de permettre à la nature de se guérir elle-même.

HS : Quel endroit et quelle vision magnifiques. Comment est née l'idée du Sanctuaire Naturel ?

ML : Tout a commencé avec un terrain que mon mari et moi avons acheté et que nous avons l'intention de laisser en fiducie au Sanctuaire Naturel - ce terrain était notre point de départ. C'était autrefois une ferme comprenant des prairies de fleurs sauvages, de hautes herbes, toute une variété d'habitats en fait, et une vieille forêt de chênes incroyablement spéciale appelée *Bunshoon Wood*, un reste de la forêt pluviale tempérée d'Irlande. Une partie des terres bordent la rivière Grainey.

Puis une parcelle très spéciale de terre semi-sauvage a été vendue à proximité : pleine de fleurs sauvages, très riche en biodiversité et également bordée par la rivière, et elle allait être défrichée. Nous nous sommes donc réunis avec un groupe d'amis et avons commencé à collecter des fonds afin de l'acheter et la protéger pour sa biodiversité, et de lui permettre de rester un lieu de nature sauvage. En l'espace d'un an environ, pendant les confinements et la pandémie, nous avons réussi à réunir suffisamment d'argent pour acheter et protéger ce terrain, qui est maintenant au cœur du sanctuaire naturel.

Ré-Ensauvager Le Lieu Avec Intention

ML : Une grande partie de notre projet concerne la

restauration de la nature et le retour de la nature sauvage. Le terme de ré-ensauvagement est très vaste ; le nombre de projets de ré-ensauvagement, petits et grands, augmente en Europe en ce moment.

HS : Peux-tu nous en dire un peu plus sur ce que le mot "ré-ensauvagement" signifie pour toi?

ML : Pour moi, ré-ensauvager signifie permettre à la terre qui a été utilisée et surexploitée par les humains (d'une manière nuisible à la nature) de revenir à son état naturel et permettre à la terre de guérir et d'être simplement. Il s'agit d'écouter la terre et de lui permettre de revenir à son état naturel autant que possible. Le terme "ré-ensauvagement" peut avoir des significations différentes selon les personnes. Il est parfois utilisé pour décrire le retour des écosystèmes et des espèces d'origine qui étaient présents dans un endroit particulier et qui ont disparu à cause de l'utilisation de la terre par l'homme, comme l'agriculture intensive ou d'autres types de développement. Le ré-ensauvagement vise le retour d'écosystèmes sains et autorégulés, qui n'ont pas besoin d'être gérés en permanence par l'homme. Pour nous, le ré-ensauvagement est également synonyme de régénération naturelle des forêts et des prairies indigènes. Il existe de nombreux projets de ré-ensauvagement au Royaume-Uni et en Europe, et ce mouvement se développe actuellement en Irlande. Je trouve le projet Knepp dans le West Sussex en Grande-Bretagne très inspirant.

Dans notre cas, j'ai l'impression que le terme "ré-ensauvagement" ne s'applique pas totalement à la terre sur laquelle nous travaillons, car elle est déjà à moitié sauvage. Il s'agit donc plutôt de lui permettre de rester un lieu naturel : sauvage et sain, et de le protéger afin que tous ses habitants, plantes et animaux, le sol, l'air et l'eau, puissent s'épanouir et rester en sécurité à l'avenir.

Nous sommes chanceux parce que cette terre n'a pas été beaucoup modifiée par l'homme, elle a été cultivée de manière raisonnée, avant de devenir un sanctuaire naturel.

Terre Ancienne, Régénération Moderne

HS : Peux-tu nous en dire plus sur cet endroit et cette terre spéciale ?

A quoi cela ressemble-t-il ?

ML : Il y a une biodiversité étonnante ici - une variété étonnante d'animaux, de plantes, d'herbes médicinales et d'arbres.

Il y a une belle rivière appelée Grainey et un lac appelé Lough Grainey, son nom irlandais original est *Loch Gréine*.[1] Le lac et la rivière ont tous deux étés nommés d'après l'ancienne déesse irlandaise Grian, la déesse du soleil. Toute la vallée est un endroit très vierge et spécial, et un lieu de grand patrimoine naturel et culturel.

HS : C'est magnifique, je ne connaissais pas cette

association du lieu à la déesse.

La terre avec laquelle tu travailles semble très magique, as-tu également l'intention de planter certains arbres ou d'autres plantes dans ces zones ?

ML : Oui, merci de poser cette question. Une partie de la vision du sanctuaire naturel consiste à restaurer l'ancienne forêt de chênes qui poussait sur cette terre.

Cette vallée, ainsi qu'une grande partie de l'Irlande, était autrefois couverte de forêts primitives, et de nombreux chênes y poussaient, ainsi que d'autres types d'arbres. Il y a encore des endroits dans cette région qui ont le mot *Derry* dans leur nom, il est dérivé du mot irlandais Daire ou Doire, et il signifie un bois de chêne. Le chêne est l'un des arbres les plus sacrés d'Irlande. Cette vallée se trouve dans la région des montagnes Slieve Aughty et faisait autrefois partie de l'ancienne forêt de chênes qui, au 10e siècle, était la forteresse de Brian Boru, le célèbre Haut Roi d'Irlande, et de son peuple.

À environ vingt minutes de route du sanctuaire naturel, dans les bois de Raheen, près de la ville de Scariff, se trouve l'un des plus vieux arbres vivants d'Irlande, le chêne Brian Boru, qui a environ 1000 ans. Il y a encore des peuplements de vieux chênes dans cette vallée et nous avons la chance d'être les intendants d'un bois de chênes anciens ici sur le terrain. C'est ce qui reste du bois de Bunshoon beaucoup plus grand, et certains des chênes ici sont estimés entre 200 et 300 ans.

Lorsque nous parlons de restaurer la forêt, il s'agit en partie de planter des arbres indigènes sur certaines parties du terrain, et nous avons déjà planté plus de 300 jeunes arbres, dont des chênes et d'autres espèces qui prospèrent dans cette région, comme l'aulne, le bouleau, l'aubépine, le saule, le pin sylvestre, le sorbier et le prunellier. Nous avons planté ces arbres au nom de toutes les personnes qui ont fait des dons et nous ont aidés à acheter et à protéger la parcelle de terrain qui allait autrement être défrichée. Ce fut quelque chose d'incroyable, tant de personnes nous ont soutenus, nous et notre projet.

Il se trouve que nous avons lancé notre campagne de collecte de fonds juste avant le début de la pandémie, et nous n'étions pas du tout sûrs de pouvoir réunir assez d'argent pour acheter cette parcelle spéciale et lui permettre de rester sauvage. Autant de bonne volonté était tout simplement incroyable. Mon mari Colm, qui est cinéaste, a tourné de superbes séquences vidéo, j'ai fait le montage et mes amis proches de Californie, Betsy et John Scarborough et Dan et Tali Pinkham, nous ont aidés et inspirés dans la création de cette courte vidéo.

Les jeunes arbres récemment plantés comprennent le bosquet d'Alexis, un jeune bosquet de chênes et d'autres arbres plantés en l'honneur de notre généreux donateur, Alexis Levitin, dont la générosité nous a vraiment aidé à atteindre notre objectif et a permis au sanctuaire naturel de s'enraciner.

Une forêt naturelle est en fait une forêt mixte, c'est-à-dire un mélange de différentes espèces d'arbres qui poussent naturellement bien ensemble dans cette partie du pays, comme c'est le cas dans le bois de Bunshoon et dans d'autres vieux bois restants. La variété des espèces d'arbres dépend souvent du type de sol et de la présence d'eau. Par exemple, les chênes ne prospèrent pas dans une zone humide, alors que les aulnes et les saules s'y développent très bien. Le hêtre pousse également très bien ici, et même s'il n'est pas un arbre indigène, le hêtre est devenu un élément important de notre biodiversité.

Au cours de ces dernières années, nous avons également observé l'efficacité des jeunes pousses naturelles par rapport aux jeunes pousses plantées par l'homme. C'est ce qu'on appelle la régénération naturelle de la forêt, et nous en sommes les témoins ici. Il y a beaucoup de glands qui tombent sur le sol et il s'agit de faire de la place et d'aider les glands à atteindre le sol où ils pousseront le mieux et de donner aux jeunes pousses les meilleures chances possibles de vivre. Il en va de même pour d'autres types d'arbres. Les écureuils roux et les geais qui stockent des glands et d'autres noix pour l'hiver sont d'une grande aide dans ce processus, car ils stockent souvent plus que ce dont ils ont besoin et aident ainsi les jeunes arbres à se développer. Il existe également des espèces d'arbres pionniers, comme le saule et le bouleau, qui apparaissent peu après l'arrêt du fauchage ou du pâturage d'une zone de terre. Les ronces, le prunellier et l'aubépine sont d'une grande aide car ils suppriment naturellement l'herbe et protègent les jeunes plants des cerfs et des lièvres. Comme le dit le vieil adage, "l'épine est la mère du chêne".

La régénération naturelle est un processus plus long que la plantation d'arbres à la main, et elle est reconnue par certains forestiers comme une meilleure façon de créer une forêt, car les arbres qui poussent naturellement sont plus robustes et moins susceptibles d'être endommagés. Cela demande simplement plus de temps et de patience, mais c'est plus économique finalement. Cette technique est également beaucoup plus douce, car elle ne nécessite pas de clôturer et d'empêcher les animaux sauvages tels que les cerfs d'entrer dans la nouvelle forêt.

Nous utilisons les deux approches, en plantant une diversité d'arbres et en surveillant également la régénération naturelle.

Nous apprenons beaucoup de choses à ce sujet. Pour moi personnellement, ces trois dernières années ont été un véritable apprentissage, car mon intention est de faire ce qu'il y a de mieux pour la terre. J'essaie d'être ouverte et d'apprendre par la recherche et notre propre pratique, tout en écoutant la terre elle-même, mon cœur et mon intuition.

Je suppose que pour moi, et pour nous, c'est un mélange de temps et de rêves avec la terre, d'apprentissage à partir de la terre, et aussi d'apprentissage à partir d'autres projets de restauration de la nature pour voir quelles choses fonctionnent le mieux. Et je pense que la meilleure façon d'avancer n'est pas toujours nécessairement basée sur la science, même si j'ai appris autant que possible sur la science environnementale, mais pour moi, c'est une combinaison de plusieurs approches.

HS : J'aime ce terme parce qu'il témoigne de la diversité de pensée et d'approche que tu sembles apporter à ce projet, de sorte qu'il n'y aura pas qu'une seule façon de faire, ou qu'il faudra faire ceci ou cela. C'est une combinaison, et pour moi, c'est une force.

Honorer La Touche Féminine

ML : Il y a un autre aspect qui est très important pour moi et pour plusieurs de mes amis avec qui nous travaillons sur ce projet en tant que membres du conseil d'administration du Sanctuaire Naturel de Lough Grainey. J'ai la chance de travailler avec une équipe de personnes extraordinaires qui se soucient profondément de cette terre et de ce projet. Les membres de notre conseil d'administration, Colm, Carole, Marion, Ciara, Aodh et Eamonn, sont tous des bénévoles. Ce sont des personnes que je suis très reconnaissante d'avoir dans ma vie et avec qui je travaille sur ce projet.

Et il y a aussi un groupe plus large d'amis, dont beaucoup sont des femmes, qui ont soutenu ce projet, et tu en fais partie, Heather, et je te remercie beaucoup.

HS : C'est un honneur.

ML : Je tiens vraiment à le mentionner car pour moi, personnellement, il est très important d'honorer les femmes et la façon dont nous sommes liées à la terre et dont nous travaillons avec elle et de ramener cet équilibre dans le travail avec la nature. J'ai l'impression qu'un grand nombre des approches actuelles de la conservation de la nature, fondées sur des données scientifiques, sont un peu déséquilibrées.

Il me semble très important de revenir à une manière plus traditionnelle de travailler avec la terre, guidée par le cœur, que nous pouvons apporter en tant que femmes. Cela implique d'aimer la terre, de faire des cérémonies sur la terre, et toute l'idée d'honorer la terre. Je travaille avec les plantes et donc, pour moi, cela inclut d'honorer le monde végétal, d'honorer toutes les plantes, tous les arbres et tous les autres êtres de la terre. Je sens que c'est un aspect majeur de ce projet. Parce que, de la même manière que nous pouvons considérer la nature et la Terre comme une mère, nous pouvons traiter la nature et la terre et tous ses habitants comme une mère le fait pour ses enfants.

HS : C'est vraiment beau. Je n'avais pas pensé au rôle que pouvait jouer les femmes dans le rééquilibrage de la terre, c'est tellement enrichissant. C'est comme une guérison.

ML : Oui, la vision de ce sanctuaire naturel est d'être un lieu où nous pouvons aider Grand-mère Terre et inspirer les enfants et les adultes à aider la Terre, surtout en cette période de transition. Le terme "Grand-mère Terre" vient de la tradition amérindienne qui considère notre planète tel une Grand-mère pleine de sagesse. Et par "période de transition", j'entends ces temps actuels de grands changements où l'humanité réalise que nous ne pouvons plus poursuivre nos besoins au détriment de la nature, que nous ne sommes pas séparés de la nature et que lorsque nous la maltraitons par négligence ou par avidité, cela nous affecte directement, nous et nos enfants. Et que si nous ne cessons pas d'agir comme si nous étions supérieurs à tous les autres habitants de cette planète, et si nous ne cessons pas d'abuser de la terre et des eaux pour satisfaire nos besoins, nous ne survivrons pas en tant qu'espèce. La Terre continuera quoi qu'il arrive, mais peut-être pas nous, tout dépend des choix que nous faisons maintenant.

Les Ancêtres

ML : Nous nous sentons honorés parce que Lough Grainey est un endroit très particulier. Cette vallée est spéciale dans l'imaginaire culturel irlandais. C'est le lieu de naissance et le cadre du plus célèbre poème écrit en langue irlandaise, "The Midnight Court". Il a été écrit par Brian Merriman au 18e siècle et parle des femmes d'Irlande qui réclament leur pouvoir. J'ai déjà mentionné Brian Boru, le plus célèbre haut roi d'Irlande, qui vivait dans le comté de Clare. Dans la ville voisine de Tuamgraney, il y a l'église St. Cronan du 10ème siècle, la plus ancienne église en service continu en Irlande, où Brian Boru venait prier. Les disciples de Brian Boru étaient appelés les Dál gCais (ou les Dalcassiens), et je sens que nous devons les honorer car ils sont les ancêtres de cette terre, et leur esprit est toujours là.

Les ancêtres de cette terre remontent aux anciens Tuatha Dé Danann (également connus sous le nom de Tuath Dé, ou peuple de la déesse). Il s'agissait de l'ancienne race mythologique d'Irlande qui vivait ici avant l'arrivée des Milésiens (les ancêtres des Irlandais modernes). Selon la mythologie irlandaise, les Tuath Dé sont arrivés dans un nuage de brume en provenance des Quatre Cités et ont amené avec eux les Quatre Trésors. L'un de ces trésors, l'épée de Nuada, figure sur les armoiries des Dalcassiens.

Une autre ancêtre importante est la célèbre herboriste et femme de sagesse irlandaise du XIXe siècle, Biddy Early, qui vivait près du village de Feakle, non loin de Lough Grainey. Elle était connue dans le monde entier pour ses remèdes efficaces à base de plantes, et elle est toujours très respectée par la population locale.

Rencontre Avec Le Lieu

HS : Peux-tu nous faire une visite guidée imaginaire de Lough Grainey ?

ML : Oui, j'en serais ravie. Imaginez que vous marchez dans une belle prairie et que cette belle prairie n'est pas loin d'une paisible rivière étincelante appelée la rivière Grainey et que cette prairie descend jusqu'à la rive de cette rivière. Sur la rive de la rivière, il y a de nombreuses sortes d'arbres verdoyants : des bouleaux, des aulnes, des saules, des noisetiers élancés, des chênes majestueux, et bien d'autres encore. Et tout le long de la berge, il y a des fleurs sauvages et un parfum étonnant et doux dans l'air, qui provient d'une fleur appelée reine des prés. Il s'agit d'une belle plante indigène irlandaise, connue en latin sous le nom de *Filipendula Ulmaria* et Crios Conchulainn en irlandais, ce qui signifie la ceinture de Cú Chulainn.

Cette fleur est mentionnée dans certains mythes irlandais, notamment ceux liés à Cú Chulainn, le légendaire héros guerrier mythologique irlandais qui était le fils d'une mère mortelle, Deichtine, et du dieu Lugh ("Lugh au bras long"). Cú Chulainn était connu pour avoir une ceinture spéciale fabriquée par les druides à partir de fleurs et de feuilles de reine des prés, car la reine des prés aide à réduire les courbatures et les douleurs de toutes sortes. Dans d'autres histoires, on raconte qu'Áine, la déesse celte du solstice d'été, a donné à la reine des prés son délicieux parfum.

Ainsi, beaucoup de reine des prés poussent dans cette prairie, tout comme la belle et majestueuse angélique sauvage, *Angelica Sylvestris*. Elle peut être aussi haute qu'un humain, voire plus, et c'est une autre plante médicinale locale. L'angélique peut nous aider en cas de maux de ventre et d'affections respiratoires. Elle est également très liée aux anges et aux archanges, en particulier l'archange Michel et l'archange Raphaël. Pendant longtemps, les gens en Irlande, et dans d'autres pays, ont cultivé ce lien entre l'angélique et les anges.

En continuant à marcher dans l'herbe le long de la rive, vous vous approchez d'un magnifique noisetier. Depuis des siècles, les noisetiers sont considérés comme un symbole de sagesse et d'inspiration poétique. Et sur cet arbre, des noisettes commencent à se former, et cela pourrait vous rappeler la vieille histoire irlandaise du saumon de la connaissance et du puits de Segais. Ce saumon vivait dans un puits légendaire, le puits de Segais ou puits de la connaissance, d'où sortaient les neuf rivières d'Irlande, et il y avait neuf noisetiers magiques qui poussaient tout autour, et ils laissaient tomber leurs noisettes dans les eaux. Et chaque automne, le saumon qui vivait au fond du puits remontait à la nage pour attraper et se régaler de ces noisettes. Et c'est ainsi que le saumon devint plein de sagesse. Et dans une autre histoire, le jeune Fionn

Mac Cumhaill, un autre héros légendaire irlandais, s'est accidentellement léché le doigt en préparant le saumon de la connaissance qu'il avait pêché dans la rivière et a acquis toute la sagesse du monde.

Vous continuez donc à marcher et il y a beaucoup plus d'arbres et de plantes tout autour de vous, et parmi elles se trouve une fleur sauvage très rare appelée herbe aux yeux bleus, ou *Sisyrinchium Bermudiana*. C'est une petite fleur bleue à six pétales d'une beauté étonnante, membre de la famille des iris. Et chose étonnante, c'est une fleur indigène de l'Irlande, et c'est aussi une fleur nationale des Bermudes !

Elle est très rare en Irlande et en Europe et figure sur la liste rouge irlandaise des plantes vasculaires. Elle est menacée d'extinction car il reste de moins en moins d'endroits où elle peut prospérer, et il faut vraiment la protéger. L'Irlande abrite 25 % de la population européenne de l'herbe aux yeux bleus. Et pourtant, l'Irlande n'en possède que très, très peu, de minuscules parcelles, et nous avons la chance de la voir pousser ici, dans la vallée du Lough Grainey et sur les terres du sanctuaire naturel.

Ce ne sont là que quelques-unes des nombreuses et magnifiques plantes qui vivent ici.

Des animaux et des oiseaux vraiment étonnants y vivent également, y compris plusieurs espèces menacées qui doivent vraiment être protégées et dont les habitats d'origine doivent rester intacts. Il s'agit notamment de l'écureuil roux, de la loutre, de l'hermine, du blaireau et de la martre des pins (le mammifère le plus rare d'Irlande), mais aussi du cerf qui a été immortalisé dans le poème de Brian Merriman (traduit en français par Estelle Falcioni) :

> *"Mon cœur illuminerait Lough Graney pour l'épier,*
> *Et le pays qui l'entoure, jusqu'au bord du ciel [...]*
> *... les oiseaux dans les arbres chantant joyeusement,*
> *Tandis que les cerfs à travers les bois s'élancent agilement".*

Nous avons installé une caméra NatureCam et pu observer des belles images de la vie sauvage. C'est incroyable de voir une martre des pins qui passe, un renard ou 'un cerf majestueux ! Nous avons des daims et des cerfs rouges, mais aussi une incroyable diversité d'oiseaux, dont la buse, le faucon crécerelle, l'épervier, la chouette effraie et le busard Saint-Martin. Le sanctuaire naturel se trouve dans la zone de protection spéciale des busards cendrés, ces oiseaux de proie insaisissables et protégés par l'UE, également connus sous le nom de "danseurs du ciel". Et nous avons eu la chance d'apercevoir un martin-pêcheur, un oiseau bleu et orange vif vraiment magique qui vit juste autour de la rivière Grainey, et ce sont des oiseaux très fragiles. Ils sont très sensibles à toute forme de perturbation, et le fait qu'ils soient présents et vivent près de la rivière signifie que celle-ci n'est pratiquement pas perturbée par l'activité humaine, et c'est merveilleux car il reste si peu de rivières comme celle-ci. Et il est vraiment important de les garder ainsi.

Nous pensons que nous avons peut-être la chauve-souris fer à cheval ou petit rhinolophe, une autre espèce rare et protégée, et il y a certainement beaucoup de chauves-souris ici au sanctuaire naturel. L'un des conseillers de notre projet est la principale spécialiste irlandaise des chauves-souris, le Dr Kate McAney, du Vincent Wildlife Trust. Elle et sa collègue Ruth Hanniffy sont récemment venues ici pour nous aider à mener une enquête sur la présence des chauves-souris et au cours de cette investigation, nous avons trouvé sept des neuf espèces irlandaises de chauves-souris ! Nous sommes toujours à la recherche de la petite « fer à cheval », car elle est très discrète. Nous avons également repéré une chenille du papillon le plus rare d'Irlande, le damier des marais, que l'on croyait éteint en Irlande. Sa source de nourriture est une fleur sauvage appelée *Succisa Pratensis* qui pousse en abondance sur cette terre. Donc, c'est très excitant !

HS : Merci de nous avoir plongé dans ce voyage au cœur du lieu. C'est incroyable à entendre, cela me remplit d'espoir, il y a ces êtres sacrés très spéciaux, les plantes et les animaux, et la terre qui sont là et nous voulons que cela reste ainsi. Et s'assurer qu'ils sont en sécurité.

ML : Exactement, c'est exactement ça.

Le Parcours De Marina Avec Les Plantes

HS : Je peux sentir ta passion et ton cœur et je me

demande si tu te sens à l'aise pour partager un peu de ta propre histoire, comment tu en es arrivée à aimer la terre et à travailler avec les plantes ?

ML : Comme pour beaucoup d'entre nous, cela commence dans l'enfance. Pour les gens qui aiment la terre, cela commence souvent quand ils étaient enfants, et c'était le cas pour moi.

J'ai toujours aimé la nature, les plantes et les animaux et je suis reconnaissante à mes deux parents de m'avoir emmené si souvent dans la nature étant plus jeune.

J'ai grandi en ville, mais ma famille possédait une petite maison à la campagne et, chaque été, mes parents m'y emmenaient et je passais beaucoup de temps dans l'insouciance, à jouer avec mes amis dans les bois et dans les champs. Et même avant cela, ma mère m'emmenait souvent me promener dans les bois, et me racontait tant de contes et d'histoires sur les bois, les plantes et les fées. C'est une grande partie de mon enfance.

Dans les années 1960 et 1970, mon père, qui était un grand amateur de plein air, menait des expéditions dans la nature, notamment des voyages en rafting, en kayak et en ski de fond qui pouvaient durer plusieurs semaines. Et quand mon frère et moi étions petits, mon père emmenait toute la famille en camping et nous passions quelques semaines chaque été quelque part près d'un lac. Nous cherchions des champignons comestibles, ainsi que des canneberges, des myrtilles et des fraises sauvages qui étaient si abondantes et avaient un goût si étonnant... Être dans la nature représente une grande partie de ma vie et c'est toujours essentiel pour moi.

A la vingtaine, j'ai vécu et étudié en Amérique, et ma chère famille américaine, Betsy et John Scarborough, m'emmenait souvent en sortie dans leur cabane au lac Echo, un lac glaciaire dans les montagnes de la Sierra Nevada, un lieu d'une beauté naturelle époustouflante, presque vierge de toute activité humaine. L'éclat argenté des montagnes entourait les eaux claires et fraîches du lac...

J'adorais aussi visiter Muir Woods, la majestueuse forêt de séquoias près de San Francisco. Betsy m'a présenté son amie Nancy Danielson, petite-fille de William Kent, le défenseur de la nature américain qui, au début des années 1900, a acheté les terres où se trouvaient les vieux séquoias afin de les protéger de l'exploitation forestière, et a fait de Muir Woods un monument national, en lui donnant le nom d'un autre célèbre défenseur américain de la nature, John Muir.

Betsy a décidé de réaliser un film sur l'écrivain et poète irlandais John O'Donohue, et m'a invité à travailler avec elle sur ce projet. Nous sommes venus en Irlande pour interviewer John, et c'est là que j'ai rencontré mon mari Colm, qui était le caméraman du film.

Dans le documentaire, John parlait de la place particulière de la nature dans l'imaginaire celtique, de la terre en tant que déesse, et c'était tellement beau.

Après des années d'études, de recherches, un master à Harvard et un doctorat en études slaves et en cinéma au Trinity College de Dublin, j'ai passé de nombreuses années à enseigner à l'université et à travailler comme cinéaste et monteur vidéo. Mais il y a toujours eu une partie de moi qui voulait vraiment aider la nature. J'étais tellement bouleversée par ce que je voyais autour de moi, notamment l'utilisation généralisée des pesticides et la déconnexion généralisée à la nature, que j'ai vite appris que c'était par l'exemple personnel positif que l'on pouvait provoquer le changement. J'ai finalement réalisé que je voulais vraiment travailler avec la nature et les plantes, et que je ne le faisais pas assez. J'ai donc décidé de changer de carrière et d'étudier la phytothérapie.

HS : C'est à ce moment-là que tu es arrivée à Derrynagittah ?

ML : Oui, j'ai commencé à chercher un cours d'herboristerie et j'ai cherché, cherché et participé à toutes sortes d'événements portes ouvertes, mais rien de concluant, jusqu'au jour où je suis tombée sur un cours. Quelqu'un m'avait recommandé d'y assister et je l'ai fait. Il s'agissait de la formation « the way of the Wise Healer » (la Voie du Sage Guérisseur) avec Carole Guyett, à son école de Derrynagittah dans le comté de Clare.

Un atelier était prévu dans les jours qui suivaient.

J'ai téléphoné et Carole a répondu en disant : "En fait, il reste une place."

J'ai commencé par cet atelier de quatre jours, puis je me suis inscrite à la formation complète de quatre ans avec Carole qui est mon professeur de médecine sacrée par les plantes et qui est aussi ton professeur, Heather. Carole est une merveilleuse herboriste clinicienne, une *femme-médecine* et une enseignante très inspirante. Elle fait maintenant partie de l'équipe du sanctuaire naturel.

L'apprentissage avec Carole a été une expérience qui a changé ma vie. cela m'a vraiment aidé à me connecter avec la nature et au monde végétal à un niveau profond. Et m'a également permis de voir plus clairement ce que je me sentais appelée à faire en termes de création d'un lieu de protection et de connexion entre les enfants et la nature.

Au milieu de ce processus, j'ai réalisé que nous devions déménager. Colm et moi vivions à Galway à l'époque, et j'avais l'habitude de faire des allers-retours dans l'Est du comté de Clare pour mes cours, et chaque fois que je descendais dans la vallée de Lough Grainey, je remarquais à quel point cette portion de la route me rendait heureuse. Il y a un tournant de Galway vers Lough Grainey et en prenant ce virage à gauche, j'ai toujours eu l'impression d'être chez moi. C'était un sentiment incroyable et je suis tombée amoureux de cette vallée, de ce lac et de cette rivière. Et donc, un jour, j'ai suggéré à Colm que nous cherchions un endroit dans le comté de Clare. Il était un peu surpris au début, mais en voyant cette région, il a lui aussi ressenti une forte envie de s'y installer. Peu de temps après, nous avons trouvé et acheté le terrain où nous vivons maintenant, et nous avons finalement déménagé ici. C'était vraiment quelque chose, nous avons dû faire des grands changements pour y arriver. Colm a joué un rôle essentiel dans ce projet ; c'est une personne extraordinaire et un défenseur de la nature incroyablement engagé.

HS : C'est la continuité de l'aventure pour trouver ta place et ta connexion aux plantes et aux lieux. Et aussi, là où tu voulais ou devais être pour effectuer ce travail dans le sanctuaire naturel.

Il semble que tout s'emboîte, même si, en cours de route, tu n'as pas eu l'impression que tout roulait toujours. Comment tu l'as vécu ?

ML : Oh, j'ai vraiment l'impression que oui, tout s'emboîte et que c'est comme un voyage, un chemin qui nous a mené jusqu'ici. Je me sens chez moi ici, et l'idée de créer un sanctuaire naturel était un de mes rêves.

J'ai l'impression que c'est en moi depuis plus longtemps que je ne peux m'en souvenir. C'est donc un enchevêtrement de rêves de créer un tel endroit qui puisse être un lieu de guérison, d'harmonie et de protection de la nature, un lieu d'inspiration pour les enfants et les adultes, et de la découverte d'un endroit sauvage qui est appelé à devenir un sanctuaire naturel.

Travailler Avec Les Enfants

HS : C'est un tel privilège d'entendre ton histoire et maintenant peux-tu parler des aspects éducatifs que tu envisages, et des différents parcours que tu proposes déjà. Comment cela se présente-t-il ?

ML : Oui - il me semble vraiment important non seulement de protéger la biodiversité, mais aussi d'amener les enfants en extérieur. Pour moi, il s'agit de les inviter à se connecter au monde naturel et de les laisser libres dans la nature, car j'ai le sentiment que lorsque les enfants ont la chance d'être libres et de jouer dehors, cette connexion restera avec eux pour toujours.

Notre projet vise à impliquer les enfants de la région et à les aider à devenir des acteurs et des gardiens de cette terre, afin qu'ils aient vraiment le sentiment apporter un réel changement positif à la planète en prenant soin de la zone où ils vivent.

Cela fait partie intégrante du rêve et de la vision du sanctuaire naturel de Lough Grainey. Mais cette partie est en cours de création, nous sommes en train de développer cet aspect de notre travail.

HS : J'allais y venir car tu as mentionné ce lien avec ton enfance et le fait qu'il a été le déclencheur de cette inspiration. Maintenant, en sachants que les enfants, qui viennent au Sanctuaire, savent qu'ils font partie de cette riche histoire et cette biodiversité et qu'ils en sont responsables d'une manière qui peut aussi être créative, j'imagine.

A partir de tout cela, je me demande deux choses : comment était-ce pour toi pendant les confinements du COVID, et qu'est-ce que ça a changé ?

ML : Il est intéressant de noter que j'ai été en mesure d'aider les enfants à se rapprocher de la nature même pendant les confinements, d'une manière que je n'aurais jamais imaginée, mais qui a fonctionné.

Je suis spécialiste du patrimoine dans les établissements scolaires au sein du Conseil du patrimoine irlandais, ce qui signifie que je me rends dans les écoles primaires. Lors de ces visites j'ai développé une série d'ateliers sur les fleurs sauvages et les arbres irlandais par le biais des arts, notamment les contes, la musique et le dessin.

Et bien sûr, pendant les confinements, il était impossible d'aller visiter les écoles. Cependant, l'organisation « Heritage in Schools » a mis en place un programme pilote auquel j'ai participé, dans le cadre duquel nous proposions des ateliers virtuels aux écoles.

J'ai pu proposer ces ateliers à distance aux écoliers de différents comtés d'Irlande, et j'ai probablement fait plusieurs centaines de ces ateliers, qui comprenaient des promenades virtuelles dans la forêt de chênes. C'était vraiment incroyable, et j'ai l'impression que cette nouvelle approche a été très bénéfique.

Nous avons fait toute une variété de choses pendant ces ateliers virtuels, l'une d'elles a été que je suis descendue physiquement dans notre forêt, dans le bois de chênes, et heureusement, nous avions un bon réseau téléphonique (ces jours-là, j'étais très reconnaissante envers la technologie). Vive le téléphone portable. Je l'ai pris avec moi et je me suis connectée à l'école et les voilà sur mon écran, et moi sur leur tableau blanc.

Ils allaient à l'école et les autres jours de la semaine ils ne pouvaient pas s'éloigner de plus de cinq kilomètres de l'endroit où ils se trouvaient en raison des restrictions. Et souvent, s'il s'agissait d'une école urbaine, ils ne voyaient quasiment pas la nature pendant ces mois de confinement.

Nous y étions, une visite virtuelle d'une forêt de chênes pour eux, comme une émission de télévision interactive en direct diffusée depuis les bois, où ils pouvaient utiliser leur imagination et croire qu'ils faisaient eux aussi une promenade dans les bois.

Le tableau blanc était un grand écran, et eux, une petite image sur mon téléphone. Il pouvait y avoir jusqu'à 30 enfants qui regardaient cette retransmission en direct et nous parlions, c'était très interactif.

Ils m'ont posé des questions sur les différentes plantes qu'ils ont vues, c'était très amusant. Et les jours de pluie, quand je ne pouvais pas sortir (quand il pleuvait vraiment fort), nous restions à l'intérieur et je leur racontais beaucoup de choses sur les différentes plantes et arbres et la biodiversité de Lough Grainey, et si c'était pour de très jeunes enfants, je leur racontais des histoires et des contes de fées et je leur envoyais une petite vidéo à l'avance.

Et puis nous avons fait beaucoup d'art plastiques. Il y a généralement une plante qui vient les voir et leur rend visite ce jour-là. Par exemple, si c'est la reine des prés, elle devient leur amie, et ils apprennent à connaître la plante, nous la dessinons et nous apprenons les propriétés de la plante.

Ces expériences interactives virtuelles pendant le confinement ont clairement été très bénéfiques pour les enfants et pour moi, à une époque où tant d'enfants ne pouvaient pas voyager et passer du temps dans la nature et où je ne pouvais pas visiter les écoles. Et maintenant, je suis ravie de pouvoir à nouveau y retourner en personne ! Je suis également très enthousiaste à l'idée de proposer des séances de Forest School (école de la Forêt), ici à Lough Grainey, ce qui est une autre façon d'aider à reconnecter les enfants avec la nature.

J'ai également un instrument de musique très magique pour les plantes. C'est un appareil de biofeedback appelé *Music of the Plants* qui nous permet d'entendre la musique venant des plantes, et c'est ce que nous faisons aussi avec les enfants.

HS : Ce que tu fais est vraiment enrichissant, tu laisses littéralement le lieu avec lequel tu travailles actuellement pénétrer dans tous ces autres endroits et tous ces enfants qui en entendent parler et apprennent à travailler avec la nature et à être avec elle d'une manière à laquelle nous n'aurions peut-être pas pensé ou à laquelle nous ne nous attendions pas avant cette période, et toute la dépendance à la technologie comme tu l'as mentionné.

La Musique Des Plantes

HS : Quand as-tu découvert pour la première fois le dispositif « Music of the Plants » ?

ML : J'ai entendu et vu pour la première fois une plante chanter à travers cet appareil pendant mon apprentissage avec Carole et je me souviens toujours du jour où s'est arrivé. Il me semble que c'était le millepertuis qui chantait, et c'était absolument incroyable. Depuis j'ai acheté mon propre appareil et l'apporter dans les écoles a été magnifique parce que c'est une autre façon de montrer aux enfants que les plantes sont vivantes et que toute la nature est vivante. Je suis reconnaissante à Carole de m'avoir fait découvrir le dispositif « Music of the Plants ». Une grande partie de ce travail avec les enfants et le sanctuaire naturel a été inspirée par mes études avec elle.

HS : Est-ce l'appareil qui a été fabriqué à Damanhur ?

ML : Oui.

HS : Sympa- peux-tu le décrire un peu, pour que les gens aient une idée de ce que c'est ?

ML : C'est un petit appareil portatif avec un câble que

l'on va accrocher sur une plante. Une extrémité du fil est reliée à l'appareil, et l'autre extrémité se divise en deux, chacune étant reliée à une électrode. Une électrode est connectée dans le sol à côté de la racine de la plante, et une autre électrode est attachée à la feuille de la plante, et le dispositif de rétroaction biologique mesure la différence entre les impulsions électromagnétiques de la racine et de la feuille de la plante, puis les convertit en sons audibles.[2]

Donc, concrètement, la plante envoie des impulsions électromagnétiques à travers sa racine et ses feuilles, et elles se déplacent le long d'un câble jusqu'au dispositif, dans lequel est intégrée une carte son qui traduit ces impulsions électromagnétiques inaudibles en sons audibles.

Ce qui est étonnant, c'est que ce sont les plantes qui décident, et elles peuvent ou non chanter à un moment donné. C'est leur choix.

HS : J'adore. J'ai fait l'expérience de ce dispositif de chant végétal à quelques reprises et à chaque fois, je suis toujours complètement émerveillé du résultat. C'est un grand moment d'entendre les plantes.

ML : Oui, absolument.

L'avenir Du Sanctuaire Naturel De Lough Grainey

HS : Qu'en est-il des personnes qui souhaitent visiter physiquement ton lieu ? Cela fait-il également partie du programme ?

ML : Nous avons décidé de travailler avec le sanctuaire naturel de Lough Grainey de manière qu'il y ait des parties du terrain qui soient complètement rendues à la nature sauvage. En d'autres termes, nous surveillons ces zones mais il n'y a pas beaucoup d'interaction humaine avec ces parties du terrain, seulement une interaction très basique, en s'assurant que tout va bien et en collectant les images de notre caméra vidéo NatureCam qui recueille les images de la faune. Nous avons également planté des arbres dans plusieurs parties du terrain. C'est ainsi que nous travaillons avec le centre actuel du sanctuaire naturel de Derrynagittah.

Au fur et à mesure que le sanctuaire naturel s'agrandit, nous prévoyons d'organiser des promenades et de proposer des ateliers sur la biodiversité, le ré-ensauvagement et la régénération naturelle des forêts. Pour ce faire, et pour étendre le sanctuaire naturel, nous cherchons à réunir des fonds pour acheter d'autres terres dans la même vallée. Nous voulons surtout protéger les zones riveraines des berges de la rivière Grainey, où nous voulons encourager la régénération naturelle des forêts autour et des prairies qui sont également une partie vitale des écosystèmes de cette vallée.[3]

Certains endroits seront parfaits pour que les gens les visitent, pour planter des arbres ou pour travailler avec nous en tant que bénévoles et surveiller la santé d'une zone particulière, ou pour participer à un atelier ou à une session de « Forest School », tandis que d'autres zones resteront sauvages et seront entièrement rendues à la nature.

Les gens font partie de la nature. Une communauté comprend non seulement les humains mais aussi les plantes, les animaux et toutes les formes de vie. Ainsi, lorsque nous parlons de protéger cette vallée pour la biodiversité, c'est quelque chose que nous envisageons de faire avec les gens, adultes et enfants, en harmonie et dans le respect de tous les êtres du monde naturel. Nous devons trouver un équilibre dans ce processus.

Certaines zones du sanctuaire appartiennent à des propriétaires privés (comme les terres que Colm et moi possédons et dont nous sommes les gardiens). Cela inclut le bois de Bunshoon. Cette terre est une propriété privée, mais elle est gérée conformément à la vision du sanctuaire naturel. Comme je l'ai mentionné, nous avons l'intention de léguer notre terre au sanctuaire naturel Lough Grainey, de sorte qu'elle sera également détenue en fiducie par LGNS.

À l'avenir, nous envisageons de travailler avec d'autres propriétaires fonciers de la vallée afin d'inciter davantage de personnes à collaborer avec la LGNS, entre elles et avec la terre elle-même.

Ici, au bois de Bunshoon, nous avons déjà commencé à proposer des séances de « Forest School » aux écoliers de la région. La « Forest School » est une belle approche de l'apprentissage en plein air qui s'est développée en Europe, notamment au cours de la dernière décennie.

Je suis animatrice certifiée de « Forest School », formée par une école basée au Royaume-Uni appelée « Huathe ».

La philosophie de la « Forest School » repose sur l'éducation traditionnelle en plein air, qui trouve son origine dans les pays scandinaves. Il s'agit d'amener les enfants dans la nature et de veiller à ce qu'ils aient régulièrement l'occasion d'y aller, ce qui les aide à prendre confiance en eux, à améliorer leur bien-être physique et émotionnel et leurs compétences sociales et de communication. Cela fonctionne également au niveau spirituel et les aide à développer de l'empathie pour les mondes naturels, ainsi que pour leurs amis et pour eux-mêmes. Il s'agit également d'apprendre aux enfants à gérer les risques, car le fait d'être dans les bois contribue réellement à renforcer la résilience d'un enfant, tout en lui permettant de vivre des expériences de joie et de liberté. Selon Richard Louv, l'auteur du très beau livre *Last Child in the Woods*, "le contact avec la nature est aussi important pour les enfants qu'une bonne alimentation et un sommeil adéquat."

Il y a beaucoup de choses à dire à ce sujet, mais la simplicité consiste à amener les enfants dans la nature et surtout là où il y a des arbres et des bois.

Après tous les ateliers virtuels en ligne via Zoom, c'est tellement agréable de pouvoir amener les enfants ici en personne ! Il y a aussi tellement de possibilités pour les adultes d'expérimenter la connexion avec la nature. Comme vous le savez, je travaille avec la médecine sacrée par les plantes, et j'aimerai proposer cette activité dans le cadre du sanctuaire naturel, je ne sais pas encore sous quelle forme.

Nous envisageons que le sanctuaire naturel de Lough Grainey se développe et s'étende, et qu'il protège une plus grande partie de ces terres pour la biodiversité, en augmentant les couloirs de vie sauvage si nécessaires et en étendant la forêt de chênes au fil du temps.

Les possibilités sont infinies, mais en fin de compte, il s'agit de préserver cet incroyable endroit de nature sauvage et toute sa biodiversité, de lui permettre de rester sauvage, d'aider les enfants et les adultes à se reconnecter avec la nature et à être en harmonie avec cette terre, et aussi d'inspirer d'autres projets comme celui-ci et d'être inspiré par d'autres beaux projets dans le monde entier.

C'est encourageant de constater que ce type de projet est réalisé de plus en plus souvent dans le monde. Et de plus en plus de gens veulent aider à guérir la nature, la laisser guérir et la laisser être sauvage. C'est motivant d'entrer en contact avec d'autres personnes qui effectuent un travail similaire.

Connexion À L'esprit Des Plantes

HS : Je vais t'offrir une lecture de l'esprit d'une plante et je t'ai demandé depuis quelques semaines quelle plante aimerait aider à développer le rêve et la vision du sanctuaire naturel et à travailler avec le lieu lui-même. L'aubépine s'est manifestée de manière très catégorique, cela te parle-il ?

ML : Absolument. L'aubépine est l'un des arbres présents sur cette terre, c'est un arbre tellement magique et est aussi un arbre de protection. C'est donc un arbre très pertinent. Aussi, dans la tradition irlandaise, l'aubépine est un arbre sacré gardé par les fées. Et j'en parle souvent aux enfants.

Nous mettons des rubans sur l'arbre comme offrandes à l'esprit de l'aubépine et aux fées, et les enfants adorent faire des vœux. Pour moi, c'est un bel arbre de connexion avec cette terre spécifiquement et aussi avec les enfants, donc c'est adorable qu'il soit venu. J'en suis honorée.

HS : Et pour moi aussi, c'est l'arbre et l'esprit du cœur, il inspire à suivre le chemin et le rêve de de ton cœur et c'est ce que tu fais. C'est si beau d'en être témoin. Avec le soutien d'un groupe de personnes et du lieu, que tu puisses suivre et écouter vraiment ce que ton cœur te dit de faire. C'est incroyable de voir ce qui a été réalisé et de quelle façon sans ça peut-être que le sanctuaire naturel de Lough Grainey n'aurait pas existé du tout ou pas de cette manière, donc merci de mettre votre cœur au service du monde.

ML : Oh, merci beaucoup. J'apprécie vraiment.

HS : J'ai hâte que les gens lisent ceci et j'espère que ton travail inspirera d'autres personnes à se connecter avec la nature, à sentir le chemin de leur propre cœur.

CONCLUSION

C es sentiments d'intuition et d'espoir que j'ai eu à Damanhur n'ont fait que croître avec le temps et l'attention que j'y apporte chaque jour. Ils sont devenus des outils m'aidant à savoir quand l'information et/ou l'action sont alignées. Cet alignement apparaît sous forme d'émotion et mon cœur est inondé d'un flot de sensations : un mélange de gratitude, d'excitation et de paix. Vous pourriez appeler cette expérience une résonance ou une connaissance intérieure. C'est ce que j'ai ressenti pendant que Marina nous guidait à travers la beauté de Lough Grainey et tout ce qui se passe dans ce lieu sacré.

Je suis totalement d'accord avec Marina, lorsqu'elle a parlé des forêts de vieux chênes qui avec l'espace nécessaire peuvent se régénérer naturellement et que les chênes (et la terre) sont, en général, seuls et sans besoin d'intervenir pour le faire. C'est ça la guérison. Imaginez ce que cela pourrait être si chacun de nous avait l'espace nécessaire pour être soutenu tout en étant laissé libre d'être lui-même et de guérir de tout mauvais traitement. Lorsque j'ai entendu parler de la guérison par la terre, j'ai ressenti mon propre désir intérieur de guérison et j'ai senti les cicatrices de la terre dans mon corps. Cette vision sensorielle m'a aidé à me rappeler à quel point nous faisons partie de la terre. Lorsqu'elle est endommagée, nous le sommes aussi. Quand la terre est guérie, nous également. Elle façonne notre caractère et vice-versa.

Lorsque nous venons d'un pays urbanisé et en développement, nous sommes souvent aussi dispersés et divisés, ou lorsque le sol a été presque entièrement pavé, les habitants de ce lieu sont aussi sans racines et déconnectés. Je parle ici de manière générale, bien sûr, et il y a toujours des exceptions, mais je vous invite à prendre un moment pour réfléchir à l'endroit où vous avez grandi et à votre ressemblance (ou non) avec l'écosystème de cet endroit. Dans quelle mesure votre fonctionnement dans le monde est-il similaire à la façon dont vous avez traité la terre sur laquelle vous avez grandi ? Regardez l'endroit où vous vivez maintenant et la façon dont les gens qui vous entourent fonctionnent. Imaginez maintenant que vous ayez passé du temps sur une terre protégée, soignée et florissante. Que les humains croient ou non que la terre soit séparée de nous, le fait que nous soyons liés par ces anciennes connaissances et sensations intérieures est indéniable. Pour moi, cette vision des choses est un indice qui me guide pour me rappeler qu'il n'y a qu'un seul monde et pour agir en conséquence.

Cela a résonné en moi également en entendant Marina parler de l'héritage des femmes qui s'occupent de la terre depuis l'espace du cœur. Les femmes et la terre ont été liées dans leur condition de traitement dans l'histoire de l'humanité. Par exemple, lorsque le concept de propriété de la terre est apparu, les femmes ont également été possédées et échangées ou vendues dans le cadre d'échanges de terrains. À cette époque, on savait que les femmes et la terre étaient synonymes à un niveau profond. Ce lien s'est déformé ; la terre étant réprimée, pillée et exploitée (principalement par les hommes), les femmes l'étaient aussi. Nous voyons cet héritage perdurer dans de nombreux endroits, même aujourd'hui, en 2022. C'est une grande partie de l'histoire qui explique pourquoi il est salutaire pour les femmes, en particulier, de retourner à la terre et d'honorer leur cœur, leurs émotions et leur moi, tout comme elles honorent les forêts, les prairies et les montagnes sacrées en sachant qu'elles ne sont pas séparées.

La guérison et la connexion à la terre ne sont pas une question de sexe, car tous les humains doivent sentir, ressentir et se connecter. Des événements similaires se sont produits sur toutes les terres et pour tous les peuples, en particulier dans les endroits où des terres ont été prises par des non-autochtones ou des colonisateurs et où des personnes ont été tuées pour pouvoir en prendre possession. L'une des principales motivations de ces actions était de dominer, de contrôler et de faire passer la survie de certains avant celle des autres. En conséquence, dans le monde entier, les liens avec la terre ont été intentionnellement séparés et rompus. De nombreuses personnes se sont également fermées aux émotions liées à la terre parce que la douleur de voir comment elle est actuellement exploitée, endommagée ou traitée comme une propriété (et souvent manipulée sur un coup de tête) est trop dure à supporter. En créant des espaces sûrs pour la terre, des espaces sûrs sont créés en nous - et de cette sécurité découle la capacité de ressentir sans répercussion. Il y a un profond appel à la réunification, à la restauration, à la revendication et à la sanctuarisation.

À la fin de notre conversation, je me suis replongée dans tout ce qui avait été partagé et j'ai imaginé que l'énergie de la terre de Lough Grainey attendait que quelqu'un l'entende et fasse le nécessaire. La terre elle-même aspirait à être un sanctuaire et à partager tous ses enseignements. Elle ne peut pas le faire seule, cela nécessite l'aide des humains. Grâce à la formation, aux compétences et à l'amour profond de Marina pour la terre, ainsi qu'à la collaboration et au soutien d'une équipe de belles âmes qui partagent ce dévouement et cette vision, le sanctuaire naturel de Lough Grainey a pu voir le jour. En tant que gardienne de la terre, Marina est en mesure de partager les messages et les actions qui demandent à être mis en avant en ce moment, notamment en fournissant une base essentielle aux enfants qui seront les futurs gardiens non seulement de ce lieu particulier mais de la planète entière.

En faisant passer la terre et ses besoins à long terme avant les désirs à court terme des humains, le paradigme que beaucoup d'entre nous connaissent change. Au lieu d'être tous (plantes, animaux et humains) bloqués en mode survie, nous pouvons entrer dans une nouvelle phase de coexistence, de prospérité, et non seulement reconnaître mais honorer le sacré qui est inhérent à chacun. En lançant maintenant cet ambitieux projet de sanctuaire naturel de Lough Grainey, Marina et le groupe de personnes qui s'en occupent provoquent un changement d'énergie. Celui-ci alimente un réseau énergétique ou un écosystème plus large et sera ressenti, consciemment ou non, par d'autres personnes qui peuvent également être inspirées pour se connecter à la terre et trouver des moyens de travailler ensemble, que ce soit en construisant elles-mêmes un sanctuaire naturel, ou d'une autre manière.

Même en écrivant ce livre, je n'ai cessé de me connecter avec la terre de Lough Grainey et de me demander ce qui veut être dit - en honorant ce que je reçois pour communiquer sans poser de questions et en faisant confiance à ce qui a été transmis. En changeant leurs croyances et en agissant de la sorte, de plus en plus de personnes construisent un avenir où il n'y a pas de séparation des mondes. Un monde unifié où chacun d'entre nous devient le remède et, à partir de cet endroit, peut co-créer un monde qui n'est pas centré sur l'état d'esprit de rareté qui génère la domination et le manque de sécurité afin de survivre, mais qui émane d'un lieu d'abondance, de réciprocité et d'inclusion où tous les êtres prospèrent. Ensemble, l'avenir est possible !

À VOUS DE JOUER

Vous vous sentez inspiré ? Vous voulez explorer votre lien avec la nature, le réensauvagement ou le rêve avec les plantes ? Essayez les exercices proposés dans les pages suivantes pour approfondir ces concepts. Sentez ce qui monte en vous à ce moment précis. Vos réponses peuvent changer avec le temps.

VOTRE VISION DU MONDE

Quelle est votre réaction lorsque vous pensez que les humains, les animaux et les plantes sont égaux ? Il n'y a pas de bonnes ou de mauvaises réponses. Utilisez cette page pour explorer vos émotions et vos réponses à cette question et voyez où cela vous mène.

S'ÉPANOUIR

Qu'est-ce que cela signifie de s'épanouir ? De quelles façons vous épanouissez-vous dans votre vie ? Il y a-t-il des parties de vous qui ont l'impression de ne pas pouvoir survivre ? De quel soutien avez-vous besoin ? Comment voyez-vous le monde entier s'épanouir ? Utilisez cette page pour dessiner ou écrire et explorer tes réponses.

CO-CRÉER AVEC
LES PLANTES

Allez rencontrer une plante ou un arbre qui se trouve dans votre jardin ou qui vit près de chez vous. Passez du temps avec. Soyez attentif à ce que vous voyez, sentez et ressentez. Dessinez la plante ou l'arbre ou écrivez ce qui vous vient.

HONORER LA TERRE

Y a-t-il un endroit près de chez vous qui vous attire ou que vous aimez ? Votre cœur vous attire-t-il vers lui ou ressent-il de la joie ou de la tristesse lorsque vous passez devant ? Explorez ces sensations et demandez à votre cœur comment vous pouvez honorer ce lieu particulier. Écrivez ou dessinez l'endroit, ce que vous ressentez, ou toute idée de ce que cette terre voudrait que vous fassiez.

ENGAGEMENT

Prenez un engagement envers vous-même pour une nouvelle croyance que vous allez mettre en pratique. Je m'engage à : _____

CONCEPTS CLÉS

Il se peut que certains des concepts abordés dans cette conversation soient nouveaux pour vous, qu'ils ne figurent pas dans le dictionnaire ou que leur signification diffère des définitions que vous trouverez dans le dictionnaire ou dans une recherche Google. Les mots, le langage et les définitions évoluent au fur et à mesure que les humains explorent et expérimentent, ce qui constitue un élément essentiel de l'évolution de notre mode de vie, de notre création et de notre vision de nous-mêmes et du monde qui nous entoure. En gardant ce contexte à l'esprit, voici quelques termes qui pourraient vous intéresser pour une réflexion plus approfondie. Vous pouvez également ajouter d'autres interprétations à ces concepts.

Cérémonie

La cérémonie est une pratique pour un individu et/ou une communauté de se connecter et de co-créer avec l'esprit et/ou d'autres personnes avec une intention spécifique. Une cérémonie de mariage ou des funérailles sont des moyens pour les gens de s'engager avec d'autres et d'interagir autour d'un événement sacré. La cérémonie existe également au-delà de ces attentes quelque peu typées de ce qu'elle signifie.

La cérémonie peut se dérouler autour d'un cycle personnel ou communautaire, comme les phases lunaires. Les fêtes du feu autour des solstices, des équinoxes et des quarts de lune (c'est-à-dire le moment à mi-chemin entre chaque solstice et équinoxe) sont marquées par des cérémonies depuis des siècles en Irlande et dans d'autres pays, chaque fois dans un but précis. Il existe également d'innombrables rites de passage et cérémonies d'initiation, pratiqués au sein d'une communauté ou individuellement, dans toutes les cultures de la planète, et de nouvelles cérémonies sont créées en permanence. Du point de vue de la guérison, la cérémonie fonctionne comme un moyen d'unir le monde physique et le monde spirituel ou "autre" et offre un espace sûr à la personne ou aux personnes qui participent à la cérémonie pour fusionner avec l'esprit d'une manière ou d'une autre, obtenir des informations et les ramener à la conscience de tous les jours afin qu'elles puissent être intégrées dans la vie quotidienne.

Dans la conversation, Marina mentionne que la cérémonie se déroule sur le terrain. Cela peut signifier beaucoup de choses, y compris celles décrites ci-dessus. Cela peut aussi signifier passer du temps sur le lieu avec une intention spécifique, écouter les plantes, les arbres, les esprits et les êtres élémentaires qui habitent et composent la terre et/ou subir une transformation psychologique, énergétique ou spirituelle de quelque sorte (en fonction de l'intention que vous portez). Une intention est comme une clé - un mot ou une phrase courte - qui vous permet d'accéder à ce que vous cherchez. L'astuce consiste à faire preuve d'ouverture d'esprit, de corps et d'énergie pour recevoir les connaissances qui vous sont apportées au cours d'une cérémonie, car elles ne sont souvent pas celles auxquelles vous vous attendez au départ.

Rêver Avec La Terre

Rêver avec la terre a de nombreuses significations différentes. Cela peut être associé à l'écoute profonde et au maintien d'une intention, comme indiqué dans le concept de "cérémonie". Il peut également signifier que la terre elle-même, et tous ses habitants, sont des êtres conscients qui partagent des informations sous forme d'énergie ou d'esprit et communiquent entre eux, ainsi qu'avec les humains.

Rêver avec la terre signifie reconnaître que les humains ne sont pas séparés d'elle, mais qu'ils font partie du matériel génétique et de la conscience partagée incarnés par la terre et nous-mêmes. Lorsque les gens choisissent d'entendre, de voir et de sentir la terre (et les écosystèmes) dont ils font partie, au-delà de la pensée mentale, cela fait partie du rêve avec la terre. Cela peut se faire d'une myriade de façons. Certains peuvent se promener quelque part et remarquer des changements dans l'énergie qui les entoure, d'autres peuvent s'asseoir et méditer ou poser des questions à la terre et recevoir des réponses, d'autres encore aiment dessiner, chanter, danser, peindre ou se connecter. De cet acte d'écoute découle la capacité de travailler avec l'intuition et la connaissance de ce dont la terre a besoin et/ou veut donner.

Écosystème

Les dictionnaires et les encyclopédies utilisent des mots légèrement différents pour dire qu'un écosystème est composé de deux éléments : un groupe complexe d'organismes et l'environnement physique dans lequel ils vivent. Les organismes et l'environnement sont inséparables et fonctionnent ensemble comme une unité cohésive. La définition scientifique d'un écosystème est l'unité de base de l'étude scientifique de la nature. Encore une fois, dans ces définitions, il y a une séparation entre les humains et la nature. Comme si la nature existait là-bas, quelque part, et qu'il fallait l'étudier et la disséquer pour voir comment elle fonctionne.

Le terme "biomimétisme", à mon avis, contribue à modifier cela. Le biomimétisme consiste à observer une caractéristique de la nature et à la copier, en tout ou en partie, pour la technologie et le fonctionnement humain. Ce terme a été inventé en 1997 par Jenine Benyus dans son livre *Biomimicry : Innovation Inspired by Nature*. Il s'agit d'imiter ou de copier des écosystèmes qui existent naturellement et de fusionner les deux. De cette évolution découle une meilleure compréhension des écosystèmes et l'idée que non seulement les humains peuvent apprendre en étudiant la nature, mais aussi que nous sommes la nature. Nous faisons partie de l'écosystème environnemental qui nous entoure.

Une vision encore plus large du point de vue humain est que toute communauté au sein de laquelle nous existons est un écosystème : une communauté virtuelle, un groupe d'amis, le quartier dans lequel nous vivons, le lieu de travail, l'école, les structures familiales, etc. La façon dont nous fonctionnons au sein de chaque écosystème peut être différente en fonction du rôle, de la façon de participer à chacun d'eux et des besoins de l'écosystème dans son ensemble et de l'individu, mais nous sommes tous immergés dans plusieurs écosystèmes différents en permanence.

Lorsque vous commencez à penser aux divers d'écosystèmes dans lesquels vous existez, cela peut devenir très complexe. Votre propre corps, avec ses rouages interdépendants, est également un écosystème. Cette compréhension de l'interdépendance des niveaux d'écosystèmes dans lesquelles nous vivons tous les jours commence à ouvrir des possibilités quant à notre relation avec nous-mêmes, les autres et l'environnement, car il ne s'agit plus de ces personnes ou de cette chose là-bas, mais d'une partie de tout le reste.[4]

Grand-Mère Terre

Si vous considérez une plante individuelle comme un être vivant et conscient, puis appliquez la même chose à la terre qui vous entoure, vous pouvez imaginer que la planète Terre entière est un être vivant, conscient et rêveur. Le rêve de Grand-mère Terre, comme celui de la terre, est un rêve qu'il est possible de recevoir et, que l'on en soit conscient ou non, toutes sortes de changements qui ont lieu sur la planète (dans la pensée, le comportement, la politique, la façon dont nous voyons l'environnement, et les différentes structures de croyance, la justice sociale, etc.) sont liés à cette conscience et à l'évolution de la Terre.

Le terme "Grand-mère" peut également être considéré comme la personnification de la Terre, afin de donner un sens au temps qui passe, à l'évolution de sa vie et aux changements d'évolution et de conscience qui en découlent. En vieillissant, la Terre a cessé d'être "Mère" de la Terre et "Mère Nature", et son nouveau nom reflète cette évolution. Marina nous en dit plus sur les origines et la compréhension de ce terme dans notre conversation.

Esprit Végétal Ou L'esprit Des Plantes

Le concept d'esprit chez les plantes est difficile à exprimer par des mots car il peut être expérimenté de tant de façons différentes. Pour moi, les esprits végétaux sont la conscience et l'essence d'une plante - ce qui est à la fois incarné dans sa forme physique et existe autour et en dehors du corps physique en tant qu'énergie et/ou vibration. L'esprit d'une plante peut également exister sans présence physique.

Pensez à votre propre esprit. Que signifie le mot "esprit" pour vous ? Vous pensez peut-être à l'esprit comme à l'énergie ou à quelque chose qui anime votre corps, à une vibration dans votre cœur, à la partie de vous qui est connectée à une énergie ou une force vitale plus grande. Au-delà de l'énergie de la plante physique, l'esprit a la capacité de se déplacer et d'être déplacé, et de communiquer de nombreuses façons que nous pouvons voir, entendre, sentir ou ressentir d'une certaine manière (et souvent ignorer). La connexion avec une plante est importante parce que vous pouvez sentir ce que l'esprit signifie pour vous, et comment travailler avec les plantes individuellement et collectivement.[5]

La Médecine Par Les Plantes Sacrées

La médecine par les plantes sacrées est, avant tout, une pratique de guérison holistique qui permet de rééquilibrer les déséquilibres physiques, émotionnels, mentaux et spirituels. Ces déséquilibres peuvent concerner une personne, un groupe, la terre ou une situation. Au cœur de la médecine par les plantes sacrées, il faut se connecter et écouter profondément les plantes et soi-même. Il s'agit d'un processus hautement dynamique, multidimensionnel et intuitif d'ouverture à l'énergie et à l'esprit des plantes, ainsi qu'à la phytothérapie physique qu'elles portent.

Cela demande au thérapeute lui-même de faire son propre travail de guérison en profondeur afin de pouvoir servir les autres et de permettre aux plantes de travailler à travers lui. De cette façon, un praticien de la médecine sacrée par les plantes incarne en lui-même la médecine de la plante avec laquelle il travaille. Être la médecine signifie que l'énergie des plantes et leur sagesse émanent du corps, du champ énergétique et des actions d'une personne et sont ressenties ou reçues par les autres, consciemment ou non.

La médecine par les plantes et la guérison peuvent s'exprimer de nombreuses façons, notamment par des séances de guérison, des cérémonies, la culture de plantes, la fabrication de médicaments, la création d'œuvres d'art, l'écriture de livres et toute une série d'autres activités.

REMERCIEMENTS

Un grand merci à Marina Levitina pour avoir partagé sa sagesse, sa passion et son cœur avec nous et pour nous avoir emmenés sur la terre et dans le rêve du sanctuaire naturel de Lough Grainey. Elle a également apporté un grand soin à l'édition de ce livre et mis à jour la conversation de manière significative, en ajoutant plus d'histoire de Lough Grainey et des mises à jour sur le sanctuaire naturel lui-même. Et un grand merci à Carole Guyett pour nous avoir formé Marina et moi à la sagesse de la médecine sacrée par les plantes. Grâce à cette formation, nous avons été encouragées à revendiquer notre médecine et à l'apporter au monde. Et un autre grand merci à Estelle Falcioni, une autre camarade d'apprentissage, pour avoir édité la version française de ce livre.

J'aimerais également remercier Deanna McFadden pour ses encouragements constants et pour nos échanges quotidiens de textos volumineux, d'idées et de dévouement inébranlable au travail de l'autre.

J'aime la façon dont Rasa Morrison a pu prendre

un croquis désordonné d'une licorne et d'un hibou, représentant la sagesse majestueuse, griffonné au dos d'un cahier et le transformer en un magnifique logo et une image de couverture que vous voyez ici. Et, bien sûr, avec le plus grand respect et l'honneur le plus profond pour les plantes qui guident vraiment tout cela.

ENDNOTES

[1] Le nom est parfois orthographié "Lough Graney", mais nous avons choisi l'orthographe la plus proche du nom irlandais original.

[2] Comme le définit accessscience.com, l'électromagnétisme est "l'interaction physique entre les charges électriques, les moments magnétiques et le champ électromagnétique." Le dispositif Music of the Plants est un appareil de biofeedback qui surveille la résistance instantanée de la plante, en mesurant les impulsions provenant d'une feuille et d'une racine de la plante. En fonction du niveau de résistance, la plante produit différentes impulsions qui sont ensuite transcodées en sons audibles par la carte son de l'appareil. L'appareil peut être réglé pour sonner comme un instrument de musique particulier, choisi dans le menu intégré, mais les notes produites dans ce processus sont uniques à la plante. Le dispositif de biofeedback est essentiellement un instrument de musique dont les plantes peuvent jouer. Pour plus d'informations, consultez le site https://www.musicoftheplants.com/faq/.

[3] Une zone riveraine est une zone située sur les rives d'un cours d'eau. Ces zones, qui connaissent parfois des inondations saisonnières naturelles, sont souvent très riches en biodiversité.

[4] Pour en savoir plus sur ce sujet et sur la façon de vous connecter à votre écosystème local par le biais de votre corps, lisez *Envisioning New Ecosystems : A Conversation with Stewart Hoyt*

[5] Cet extrait peut être trouvé dans chacune des lectures courtes de Heather sur l'esprit des plantes et des arbres. Pour en savoir plus, consultez le site www.majesticwisdompublishing.com/books

À PROPOS DE MARINA

Marina Levitina, PhD, MA, AM, BA summa cum laude, MFSPM.

Marina est animatrice nature, herboriste, cinéaste et fondatrice du Sanctuaire naturel de Lough Grainey dans le comté de Clare, en Irlande. Elle est membre du groupe d'experts "Heritage in Schools" du *Heritage Council of Ireland* et animatrice certifiée de l'école de la forêt. Elle est également praticienne certifiée de la médecine des plantes sacrées et membre de la *Foundation for Sacred Plant Medicine* (FSPM).

Son parcours universitaire comprend un doctorat en études slaves et en histoire du cinéma. Elle a enseigné au Trinity College de Dublin pendant de nombreuses années avant de prendre la décision de se consacrer entièrement à l'animation dans la nature et à la protection de la biodiversité. Elle est un auteur publié et a produit plusieurs films documentaires et programmes de télévision.

À PROPOS DE HEATHER

Heather Sanderson a écrit plus de 20 textes sur les esprits des plantes et des arbres, un recueil de poèmes, des petits livres sur les arts de la guérison, plusieurs épisodes de podcast, des centaines de cours et d'ateliers de yoga, des formations de Reiki et des lectures sur les esprits des plantes. Formée à de nombreuses disciplines des arts de la guérison, elle s'efforce d'apporter sa magie et sa médecine au monde et encourage les autres à faire de même. Vous pouvez trouver ses livres sur www.majesticwisdompublishing.com, ses autres travaux sur www.journeythroughyoga.com, et la suivre sur Instagram à @heather.sanderson.

À PROPOS DU SANCTUAIRE NATUREL DE LOUGH GRAINEY

Lough Grainey Nature Sanctuary (LGNS) est une organisation communautaire à but non lucratif et un organisme de bienfaisance enregistré dédié à la création et à l'entretien d'un sanctuaire naturel dans la vallée de Lough Grainey dans le comté de Clare, en Irlande, dans le but de protéger la biodiversité, de réensauvager, de restaurer l'ancienne forêt de chênes qui poussait autrefois ici et d'aider les enfants à renouer avec la nature. Pour en savoir plus et faire un don pour aider à la vision et aux nombreux projets de LGNS, visitez www.loughgrainey.org et suivez-les sur Instagram à @loughgraineynaturesanctuary.

À PROPOS DE MAJESTIC WISDOM PODCAST

Majestic Wisdom podcast vous invite à vous souvenir de votre magie et à la mettre au monde, quelle qu'elle soit. Apprenez de la sagesse d'autrui, et de toutes les différentes façons de vivre une vie, de s'engager dans le monde et de créer. Chaque épisode présente également un enseignement sur l'esprit des plantes inspiré par l'invité. Pour écouter un épisode, rendez-vous sur www.majesticwisdompublishing.com/podcast.

LIVRES DE CET AUTEUR

L'esprit des plantes : lectures courtes

Rêver avec la lavande

Visitez le site www.majesticwisdompublishing.com
pour en savoir plus.